了解太阳

白天的星星——太阳

温会会 / 文　曾平 / 绘

浙江摄影出版社
全国百佳图书出版单位

“哗啦哗啦……”

妍妍望着窗外，脑海里冒出了问号。

“妈妈，下雨的时候，太阳还在吗？”妍妍问。

“当然啦，太阳一直都在。”妈妈答。

过了一会儿，雨过天晴。
太阳重新露出了笑脸，发出了耀眼的光芒。

“哦，太阳刚刚藏起来了！”妍妍恍然大悟。

“要是没有太阳，世界会变成什么样呢？”妍妍问。

“世界会变得又黑暗又寒冷，人和动物都不能生存。”妈妈答。

第二天下午，妈妈带着妍妍去海边玩耍。

“哇，太阳真温暖！”妍妍说。

“实际上，圆圆的太阳就像一个大火炉，表面的温度有好几千摄氏度呢！”妈妈说。

“天哪！太阳那么烫，是不是会把很多东西融化掉？”妍妍问。

“是的，我们可不能靠近太阳。”妈妈说。

“太阳光线中有我们眼睛看不见的紫外线，过量的紫外线会伤害我们的皮肤。”妈妈提醒道。

“啊，这可怎么办？”妍妍紧张地问。

“在户外的时候，我们可以定时涂抹防晒霜来抵挡紫外线。”说完，妈妈帮妍妍涂上了防晒霜。

“妈妈，太阳看起来就像一个篮球。”妍妍指着太阳说。

“那是因为我们离太阳很远很远。太阳很大，大概能装下 130 万个地球呢！”妈妈笑着说。

“妈妈，地球离太阳有多远呢？”妍妍问。

“大约 1.5 亿千米。如果乘坐火箭从地球出发，需要 3 年多的时间才能抵达太阳！”妈妈答。

“哇，真的好远哪！阳光来到地球需要多久呢？”妍妍问。

“光会以惊人的速度移动。光从太阳出发，只需要大约 8 分钟就能到达地球。”妈妈答。

回到家，妍妍翻开了书柜里的天文书。
她发现，太阳系有八大行星，它们都绕着太阳转。

木星
水星
地球
土星
天王星
火星
海王星

“妈妈，这个星星拖着长长的尾巴，真好看！”妍妍说。

“这是彗星，它是由冰、岩石、冻结的气体等组成的天体，围绕着太阳运行。”妈妈说。

“当彗星靠近火辣辣的太阳时，冰块会融化，被太阳风吹走。这时候，长长的‘尾巴’就出现了。”妈妈说。

“原来，彗星的‘尾巴’是这样产生的！”妍妍说。

傍晚，太阳快下山了。

妍妍挥挥手，笑着说：“白天的星星，再见！”

责任编辑　陈　一
文字编辑　徐　伟
责任校对　朱晓波
责任印制　汪立峰

项目设计　北视国

图书在版编目（CIP）数据

了解太阳 ：白天的星星——太阳 / 温会会文 ；曾平绘. -- 杭州 ：浙江摄影出版社，2022.8
（科学探秘·培养儿童科学基础素养）
ISBN 978-7-5514-3982-4

Ⅰ. ①了… Ⅱ. ①温… ②曾… Ⅲ. ①太阳－儿童读物 Ⅳ. ①P182-49

中国版本图书馆CIP数据核字（2022）第093432号

LIAOJIE TAIYANG : BAITIAN DE XINGXING TAIYANG
了解太阳：白天的星星——太阳
（科学探秘·培养儿童科学基础素养）

温会会 / 文　曾平 / 绘

全国百佳图书出版单位
浙江摄影出版社出版发行
地址：杭州市体育场路347号
邮编：310006
电话：0571-85151082
网址：www.photo.zjcb.com
制版：北京北视国文化传媒有限公司
印刷：唐山富达印务有限公司
开本：889mm×1194mm　1/16
印张：2
2022年8月第1版　2022年8月第1次印刷
ISBN 978-7-5514-3982-4
定价：39.80元